掌上科技馆

从肌肉到机器

[英] 尼尔·阿德利 著

庄莉 译

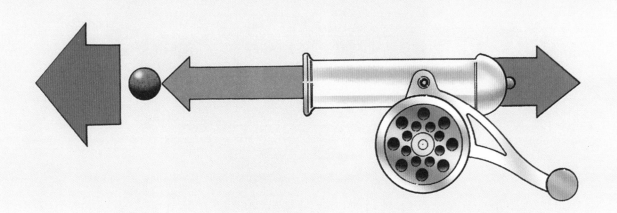

科学普及出版社

·北京·

图书在版编目（CIP）数据

从肌肉到机器 /（英）尼尔·阿德利著；庄莉译 . — 北京：科学普及出版社，2018.1

（掌上科技馆）

ISBN 978-7-110-07403-9

Ⅰ . ①从… Ⅱ . ①尼… ②庄… Ⅲ . ①机械运动 – 青少年读物 Ⅳ . ① TH113.2-49

中国版本图书馆 CIP 数据核字 (2017) 第 182915 号

书名原文：HANDS ON SCIENCE : Muscles to Machines

Copyright © Aladdin Books Ltd

An Aladdin Book

Designed and directed by Aladdin Books Ltd

PO Box 53987 London SW15 2SF England

本书中文版由 Aladdin Books Limited 授权科学普及出版社出版，
未经出版社允许不得以任何方式抄袭、复制或节录任何部分。

著作权合同登记号：01-2013-3443

责任编辑　李　睿

封面设计　朱　颖

图书装帧　锦创佳业

责任校对　杨京华

责任印制　马宇晨

科学普及出版社出版

http://www.cspbooks.com.cn

北京市海淀区中关村南大街 16 号　邮政编码：100081

电话：010-62173865　传真：010-62179148

中国科学技术出版社发行部发行

鸿博昊天科技有限公司印刷

开本：635 毫米 ×965 毫米　1/8

印张：4　字数：40 千字

2018 年 1 月第 1 版　2018 年 1 月第 1 次印刷

ISBN 978-7-110-07403-9 / TH · 99

定价：18.00 元

目录

这本书讨论的主题是运动——从人类运用肌肉做出的运动，到使用机器为我们提供方便的那些运动。这本书将告诉你怎样用不同的方式使物体动起来。另外，还有一些力是用来减慢运动的，比如摩擦力。书中还有很多动手作业，让你可以利用常见的生活用品来进行简单有趣的科学小实验。

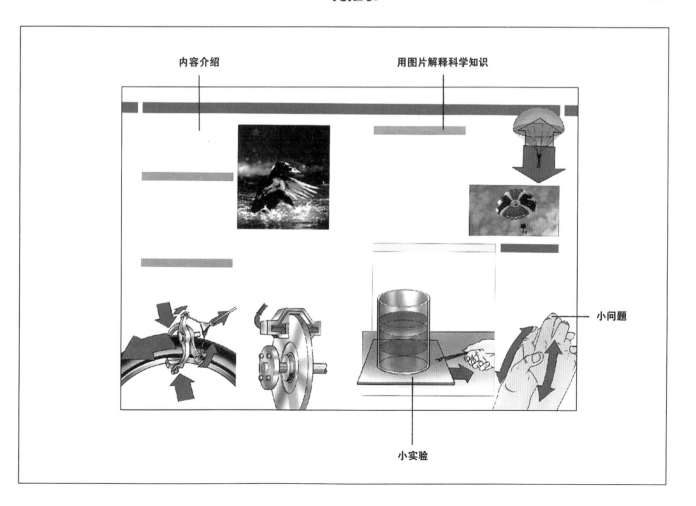

内容介绍

用图片解释科学知识

小问题

小实验

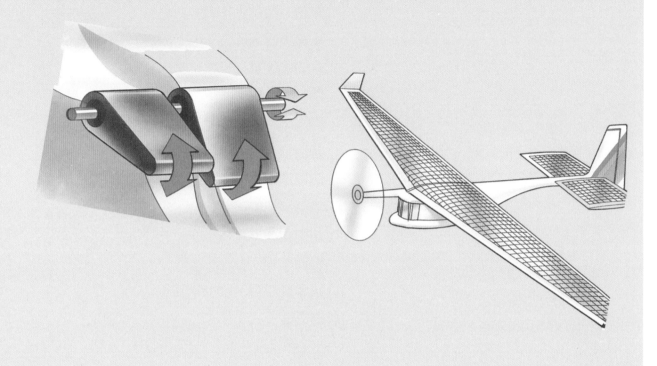
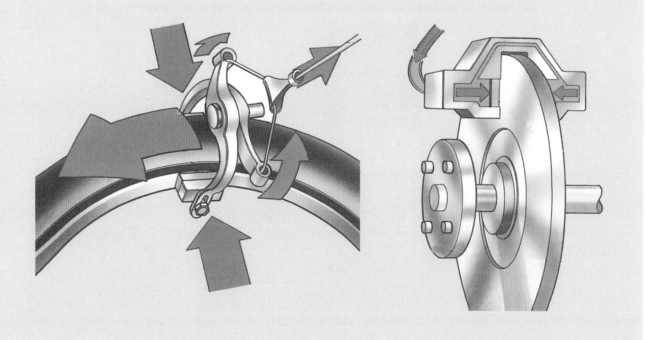

导　读

我们所做的每一件事几乎都离不开运动，从行走到扔球，再到提起重物。像这样的人体运动都是通过肌肉来完成的，肌肉收缩、伸展来带动骨骼运动。

在人类文明的早期阶段，几乎所有的工作都要通过肌肉力量来完成——包括人的肌肉或者马和牛之类的动物肌肉。不过，如果我们想要跑得比飞奔的马还快，或者想要举起非常重的东西，就不得不借助一些机器。像杠杆和滑轮那样非常简单的机器都能帮助古代的工程师建造出金字塔，以及很多大型的石质建筑。现在，汽车、火车以及飞机等交通工具可以载着我们高速行驶。建筑师用高高的起重机建造摩天大楼。

不过这所有的一切——从肌肉到机器，都离不开运动。

▽一张放大的肌肉图。

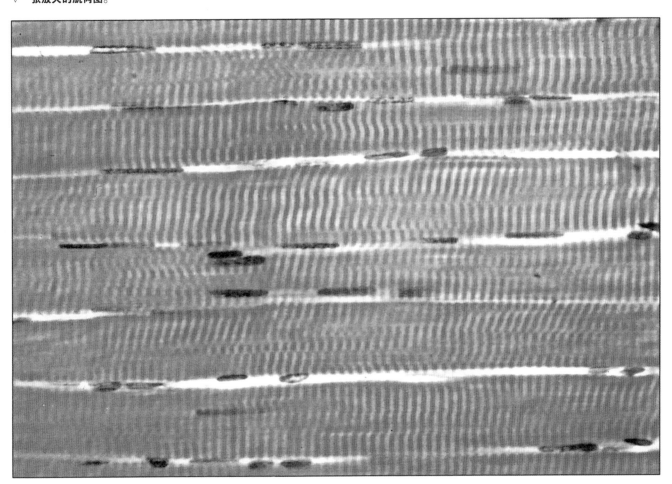

想要物体运动起来，就需要对它施加一个推力或者拉力。推力和拉力统称为力。每当我们驱动自己的肌肉时，我们就对肌肉施加了一个力。我们用脸部的小肌肉来完成眨眼或者微笑的动作，用腿部的大块肌肉来完成奔跑和跳跃的动作。实际上，我们做的每一个动作都会涉及肌肉和运动。

肌肉的力量

肌肉通过收缩来起作用。每一块能产生运动的肌肉都是由大量细纤维束组成的。而每一个细纤维束则都是由更纤细的纤维构成的。肌肉收缩时，这些纤维就滑动、相互缠绕在一起，于是肌肉就收缩变短了。

肌肉放松的时候则相反。肌肉纤维里的细纤维丝滑到原来的位置，整块肌肉就又变长了。通常，"告知"肌肉要收缩或者拉伸的信息是从大脑那里发出，再通过神经传递出来的。也有一些肌肉是自行运动的，比如那些控制心跳和呼吸的肌肉。它们不需要大脑指挥，它们的运动贯穿我们的一生。

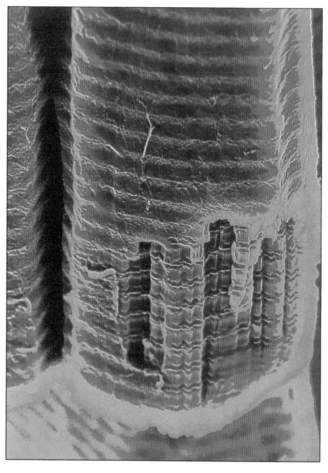

△肌肉由很多成束的细纤维组成，这些纤维滑动、相互缠绕在一起，肌肉就收缩变短了。

肌肉与运动

肌肉是通过名为肌腱的致密结缔组织连接到骨头上的。比如，你上臂的大块肌肉是跟你的小臂相连的，连接处就位于肘部的前下方。你弯曲手臂的时候，肘部就像是一个杠杆的支点。上臂肌肉收缩，拉动你的小臂向其靠拢。如果在弯曲手臂的时候握住肘部的内侧，你就会感受到肌腱在起作用。在你伸直手臂时，你上臂背部的一块肌肉就会收缩。它拉动一根穿过你肘部的肌腱，在做动作时，你可以用另一只手摸到这根肌腱。

△保龄球运动会调用人体大多数的肌肉，包括腿部的、后背上的及手臂上的。最后的发球是由肌肉驱动手臂这一杠杆来完成的。

运动与力

当你运用肌肉的力量来扔球时，你就是在运用力来制造运动。球离手之后会继续在空气中往前飞。这是因为，物体一旦开始运动，就不需要别的力来维持运动状态了。球以一定的速度运动，如果它的速度很快，就能在短时间内走完全程，击中目标。如果物体运动时，有一个同方向的外力持续对它起作用，就能获得更多的能量而加速。这就是你在启动自行车时所经历的情况：刚开始时，你要用力蹬，你腿部肌肉的力量需要持续推动自行车在路上加速。

△ 跑步比赛开始时，运动员会尽全力使自己动起来。他们使出的力越大，跑得就越快。

制作一把"喷枪"

运用你的肌肉，尽量使出足够大的力气来发射一把"枪"。找一个软塑料瓶，比如一个洗净的空饮料瓶。去掉瓶盖，从瓶口塞进一个软木塞。现在，突然用力从侧面挤压塑料瓶。软木塞会一下子冲出去，甚至从房间的一头射到另一头。一定要小心，不要打到人或易碎物品哦！这是因为你从侧面挤压塑料瓶时，瓶内的空气给了软木塞一个力，这个力大到可以让它冲出瓶口。

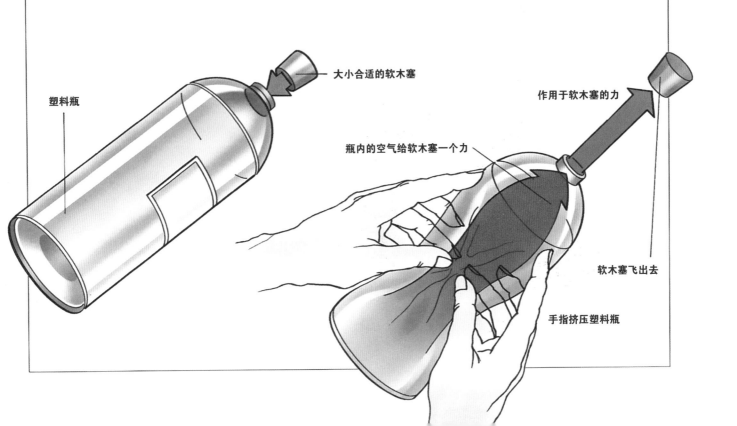

塑料瓶

大小合适的软木塞

作用于软木塞的力

瓶内的空气给软木塞一个力

软木塞飞出去

手指挤压塑料瓶

我们每个人都会受到重力影响，重力是地球对物体作用的力。重力通过向下拉物体使物体往下掉，使得所有物体都能停留在地面上。即使地面阻止了物体向下运动的趋势，重力依旧作用于每一样物体上。重力使得每个物体都有了重量。

下落

当你运用肌肉的力量在空气中向上抛球的时候，每时每刻重力都在将球往下拉。首先，重力与向上作用的力方向相反，所以球的速度会降低。当球达到最高点时，它的速度为零，它会停下一小会儿，此时重力继续把它往下拉，于是它就开始回落向地面。将物体往下拉的重力的大小就等于物体本身的重量。而重量的大小则取决于物体的质量——即它里面所含物质的多少。不管物体的质量是多少，重力给下落物体的加速度都是一样的。

飞行

鸟、飞机和热气球飘在半空或者飞翔起来，是因为它们都能产生一种叫浮力的、方向向上的力。浮力大于把它们向下拉的重力，于是，它们就能向上运动、升起来了。

在空气中运动时，鸟的羽翼和飞机的机翼会产生浮力。羽翼和机翼的运动要很快，这就是为什么飞机起飞前要在跑道上冲刺一段距离。鸟运用肌肉的力量来扇动翅膀，获得足够大的浮力让自己飞起来的。气球从它所携带的热空气中获得浮力。

无论是鸟、飞机还是热气球，一旦飞起来，浮力可能就变小了。当浮力变得和重力一样大时，它们就会停留在某一高度不再上升。如果此时浮力继续减小，重力就会比浮力大，当向上的速度减为零后，速度就会改变方向为向下，于是物体就开始下降。

△**重力会使物体往下掉。滑梯越陡，重力作用越强，你下滑得就越快。**

在一个箱子里装入像沙子这样的材料

重力

让它们同时从同一高度下落

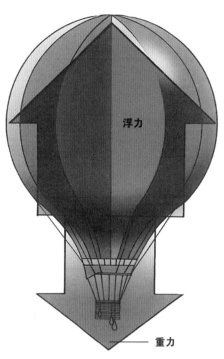

◁ 热气球的下方有燃烧装置，给气球中的气体加热。气球中的热空气比气球周围的冷空气要轻，于是就产生了向上的浮力。

快还是慢？

让两只相同的箱子同时下落，其中一个是空的，另一个装满东西。猜猜哪一个会先落地？你会发现，不管它们的重量多少，两者总是会同时落地。将橡皮泥做的两个大小不同的球从斜坡滚下。同时放手，由于重力把它们往下拉，两只球会同步下滑。

小问题

在月球表面，你的重量是多少？实际上，你在月球上的重量只有你在地球上重量的六分之一。这是因为月球比地球小。它的重力也只有地球的六分之一。

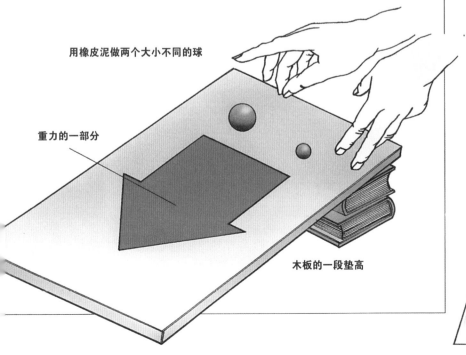

用橡皮泥做两个大小不同的球

重力的一部分

木板的一段垫高

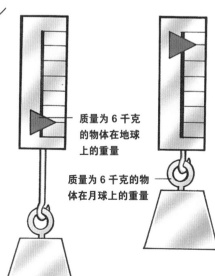

质量为 6 千克的物体在地球上的重量

质量为 6 千克的物体在月球上的重量

力总是存在于两个物体之间，其中一个物体会推或者拉另一个物体。力还总是成对出现的，方向相反，分别作用于两个物体。飞机上的喷射发动机会产生一个很大的力将空气向后推，同时一个反方向的力将喷射发动机——当然包括飞机向前推。

成对的力

走路时，你的肌肉成对起作用，带动你腿的运动。向前迈步时，你的脚会向后推地。你要是踩在冰上，感受会更明显一些：你的脚向后滑时，你可能会失去平衡而跌倒。不过一般情况下，你的脚会抓住地面。当你推地面时，地面也会施加一个等大、反向的力在你的脚上。你用来移动你脚的力为作用力；地面用来向后推的与之大小相等、方向相反的力为反作用力。

▽大炮发射炮弹时，大炮对炮弹有作用力，使炮弹发射出去；炮弹对大炮有反作用力，使大炮后退。

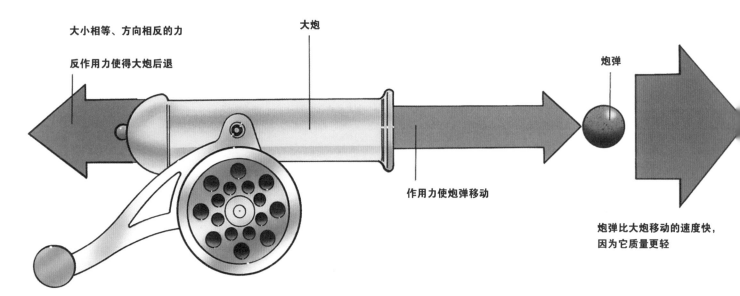

大小相等、方向相反的力

反作用力使得大炮后退

大炮

炮弹

作用力使炮弹移动

炮弹比大炮移动的速度快，因为它质量更轻

感受作用力和反作用力

作用力和反作用力的概念很难理解，因为你在运动的时候，可能无法同时感受到这两个力。比如，走路的时候你没法真切地意识到地面在推你。不过，如果能很轻松地移动，你就能感受到作用力与反作用力是如何运作的了。穿上溜冰鞋，往前扔一个大球。你扔球的时候，溜冰鞋上的你就会向后退。

△溜冰者的作用力引发了来自冰的反作用力，这种反作用力使溜冰者向前移动。

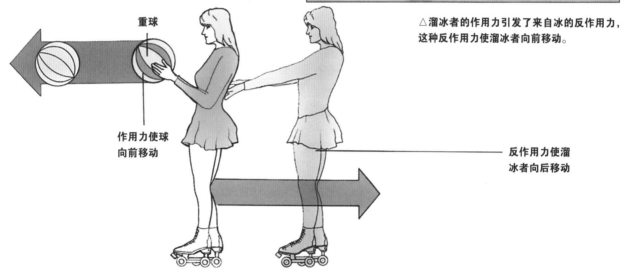

重球

作用力使球向前移动

反作用力使溜冰者向后移动

看见反作用力

吹两只气球，将气球嘴系上。每个气球上用胶带粘上一小段吸管。将两只气球串在一段长绳上。解开左边的气球嘴，它会沿着绳子迅速冲出去。从这个气球里跑出来的空气的力的反作用力使它向左运动，同时使右边的气球向右移动。

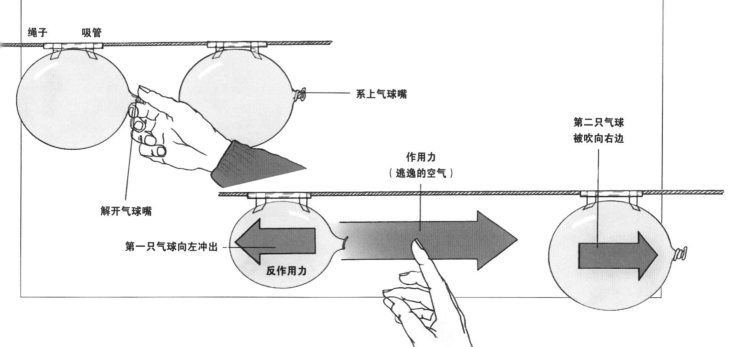

绳子 吸管

系上气球嘴

第二只气球被吹向右边

解开气球嘴

作用力（逃逸的空气）

第一只气球向左冲出

反作用力

很少有物体是沿直线运动的。在运动的过程中，通常都会发生方向的改变，向左或向右、向上或向下，甚至加速或减速。这是因为作用在它们身上的力一直在变。一个运动中的球，如果没有其他的力来抵消风力的影响，它就不会做直线运动。

滑行和滑冰

物体一旦处于某种运动状态，在没有外力作用的情况下就会保持这种状态。比如在完全光滑平面上滚动的球所做的运动。在冰上滑行的人所做的运动类似于这种情况。他们通过奔跑来加速，停止奔跑后不需要别的动作就能继续在冰面上滑行。光滑的冰面上几乎没有别的力能让滑行者停下来或者改变方向，他们能够轻而易举地沿着直线做匀速运动。但是，绝大多数运动都需要力的作用才能维持下去，比如，你需要用脚蹬自行车才能使它保持前进。

△滑雪者以很快的速度在雪面上滑行，利用自身平衡来改变方向。

改变方向

一个物体，一旦运动起来，只有在遇到把它往一侧推或拉的力时才会改变方向。侧向的力消失后，物体会继续沿着直线前行，不过它运动的方向变了。踢足球想得分很难，你需要使足够大的劲儿去踢球，瞄准球门往里面踢，不过球还是会偏，因为其他的力会使球改变方向：重力使它向下，而风使它转向。驾驶汽车时，我们可以旋转汽车的方向盘来给汽车施加一个侧向的力。驾驶轮船时，转动轮船的船舵使水推动船尾，以此使船驶上另一个方向。

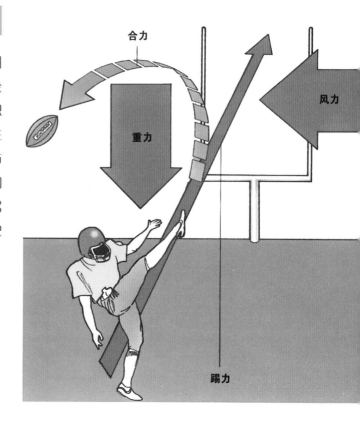

合力

风力

重力

踢力

越来越快

骑自行车下坡的感觉很刺激。你不用蹬车，速度却会越来越快。重力将你拉下斜坡——重力每时每刻都在起作用，使你加速。速度的增量称为加速度。物体持续下落的过程中，重力使其速度以约每秒 10 米的速度增加。作用在运动中物体上的力越大，其加速度就越大。马力大的汽车都拥有能使出很大力气的大型发动机。这样的发动机能快速给汽车加速，超过其他马力小的车。

越来越慢

当你向下骑到一个山谷中后，就会面临爬上另一面山坡的问题。这时候，你需要克服将你往下拉的重力。除非你重新开始蹬自行车，否则自行车就会减速，你前进的速度就会越来越慢。如果你不能足够用力地蹬自行车来克服重力，这种阻力就会使你停下来。一个与物体运动方向相反的力会使物体速度降低，也就是减速。有时候，汽车有必要减速或者急速停车。强有力的刹车能产生很大的力，使车很快减速。

△骑行者努力往山上蹬。需要很大的力来克服重力和摩擦力，才能继续前行。

◁在这个球下落的过程中，间隔相同的时间对其拍照。球运动的距离越来越长，因为重力使它的速度越来越快。

任何运动中的物体都有动能。物体越大，速度越快，它具有的能量就越大。物体的动能来源于使其开始运动的力，比如肌肉和发动机。这些力提供的能量被物体转换成了动能。

△ 高速飞驰的赛车动能巨大。它拥有强大的发动机来燃烧石油。

燃烧产生能量

汽车、摩托车、货车、柴油火车和飞机都有内燃机。内燃机可以燃烧化石燃料，比如汽油、柴油或者石蜡。这些材料的燃烧会产生能量，发动机会将这些能量转换成动能。动能又产生运动。用来运动肌肉的能量源于我们吃进去的食物的"燃烧"。

▽ 电力火车有一个火车头，火车头部有一个很强有力的电动发动机，或者列车不同部位排列有数个电动发电机。

电动交通工具

电力火车上有可以利用电能使物体运动的电动机。这些电动机通过电流产生强大的磁场，由此转动轴。电力火车从一根电缆或者载电轨上获得电力；柴油电动火车则是用柴油机驱动发电机。

新旧时代的运动

初一开始，人们运用自己的或者像牛这样的动物的肌肉来驱动机器和车辆。肌肉将食物中的能量转换成运动。早期做运动的机器是水车。水车利用流水的能量来驱动轴。风车的运作方式类似，只不过风车利用的是流动的空气的能量，即风能。

我们今天依旧在使用这些方式获得运动。水力发电机中有涡轮，涡轮的工作方式和水车基本一致，而

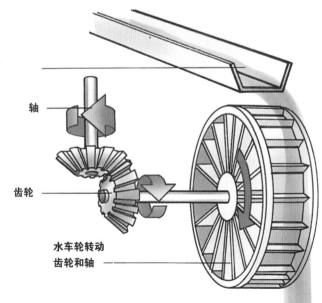

轴

齿轮

水车轮转动
齿轮和轴

水车

风力发电机就是现代版的风车。二者都是驱动发电机产生电力，它们在发电的过程中不会消耗燃料。

　　潮汐发电机将大海里海浪的运动转化成电力；太阳能电池把太阳光转化成电力。之后，这些电力可以驱动电力发动机产生运动。

▷ 风车利用能量来驱动水泵，产生电力。

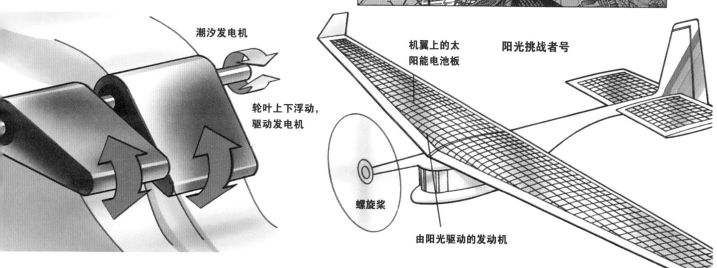

潮汐发电机

轮叶上下浮动，驱动发电机

机翼上的太阳能电池板

阳光挑战者号

螺旋桨

由阳光驱动的发动机

制作一个砂轮

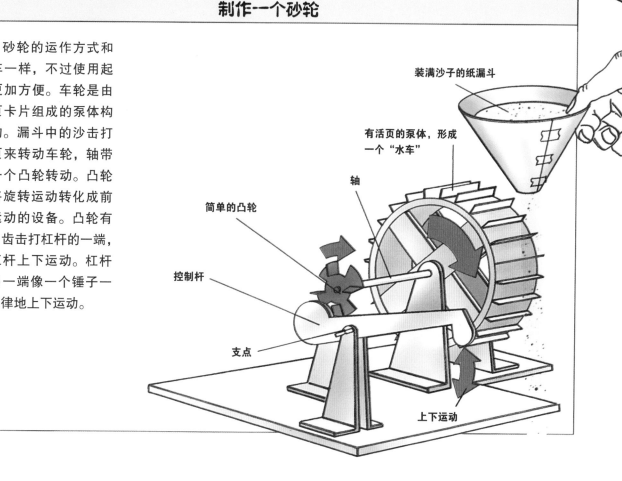

　　砂轮的运作方式和水车一样，不过使用起来更加方便。车轮是由活页卡片组成的泵体构成的。漏斗中的沙击打活页来转动车轮，轴带动一个凸轮转动。凸轮是将旋转运动转化成前后运动的设备。凸轮有齿，齿击打杠杆的一端，使杠杆上下运动。杠杆的另一端像一个锤子一样规律地上下运动。

装满沙子的纸漏斗

有活页的泵体，形成一个"水车"

轴

简单的凸轮

控制杆

支点

上下运动

推动一辆自行车很容易，可是要推动一辆汽车就很难了。如果一样东西需要很费力地推、拉才能开始运动，我们就说它有惯性。事实上，每一样东西都有惯性。轻的物体惯性小，重的物体惯性大。使处于运动状态的物体停下来所需要的力的大小也取决于它惯性的大小。

△这位走钢丝的表演者用一根撑杆来帮助自己保持平衡。撑杆的惯性小，它能很快移动以帮助表演者保持平衡。

运动中的物体的惯性

使一辆重的汽车动起来、达到某一速度，与使一辆轻的自行车动起来、达到相同的速度相比，前者需要消耗更多的能量，因此需要的力也更大。

自行车有齿轮帮助骑行者，汽车有发动机能轻松加速，以此来克服惯性的作用。启动的时候，选用低速档，可以往车轮输送很多的力。自行车或汽车就能很快地加速。一旦运动起来，惯性就开始抵制任何速度上的变化，需要的力就变小了，于是就可以换用高速档了。刹车时同样需要很大的力，因为要克服惯性，才能减速、停车。乘客也有惯性，如果他们能自由移动而车辆突然停止的话，他们就会向前冲。这就是为什么坐车的时候你要系好安全带，是为了防止你在汽车骤停时向前冲而受伤。

▽铅球运动员只能将铅球扔出一小段距离，因为铅球很重，惯性较大。

▷汽车引擎利用了惯性。活塞的上下运动不匀速。与活塞相连的机轴和飞轮旋转，使运动较为平滑。然后将匀速运动传导至车轮。

利用惯性

如果希望一样东西保持匀速运动，我们可以利用惯性。这种情况会发生在唱机的转盘上，转盘很重，所以惯性很大。转盘必须保持匀速转动，来自驱动转盘的力使它稍微变速时，惯性会让它不改变速度。

飞轮则是以相同的方式用在汽车的引擎上。有些玩具中也有飞轮，连在轮子上，让它们保持运动。

机轴匀速旋转

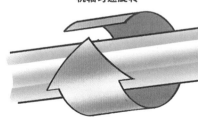

玩具货车

将一根绳子系在玩具货车上，绳子的另一端系上重物。将货车放在桌子上，绳子顺着桌子边缘垂下来。放手：重物拉着货车很快就到了桌子边缘。再试一次，不过这一次在货车里装上一些小石子。这次你会发现，这次货车运动得慢，因为额外加上的石子重量使货车的惯性增大了。

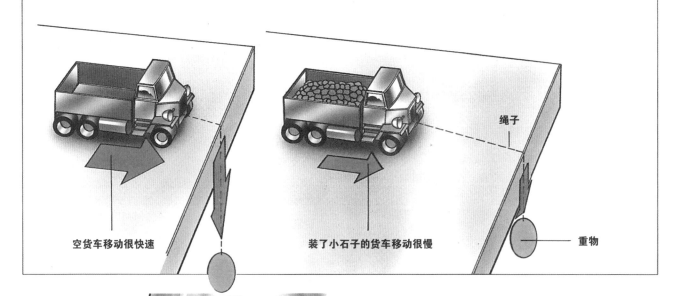

空货车移动很快速

装了小石子的货车移动很慢

绳子

重物

机轴上的重连接板有很大的惯性，帮助维持匀速。

活塞上下移动

曲柄将活塞的运动变成圆周运动

小问题

在桌上放一张卡片，卡片上放一枚硬币。如何移动纸片才能让硬币不动呢？使尽全力，快速用手指重击卡片，卡片会从硬币下飞出来！这是因为硬币的惯性使它保持静止。

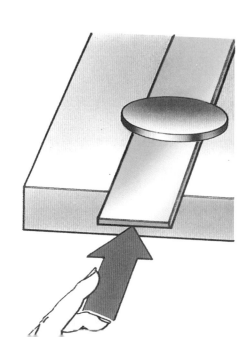

运动的物体可能发生碰撞，可能是跟其他物体、也可能是跟某个障碍物。一旦它停下来，这个运动中的物体所具有的动能就消失了。消失的动能一定去了什么地方——一般来说会转移到与它碰撞的物体上，使该物体开始运动或转化成了热量。

运动的转移

运动中的物体常常会和另一个可以自由运动的物体相撞，比如撞球或者斯诺克台球中的球。一个球撞击另一个球，第一个球的动能转移到第二个球上，第二个球就开始运动。台球的质量都是相等的，所以如果第一个球将自己全部的动能都转移出去，它就会停下，第二个球开始以与第一个球相同的速度运动。如果第一个球只将其部分的动能转移出去，那么两个球都会以较小的速度运动。

△撞球这样的游戏利用的就是碰撞的原理。选手们用木杆推动一个球去撞击另外一个球。

反弹

撞击常常会引发反弹。反弹发生的前提是两个物体中至少有一个是有弹性的，比如橡皮球那样的物体。有弹性的物体在受到外力作用时会改变形状，而外力消失时，它又会恢复原状。球撞击地面时发生弹性形变。之后它会恢复原状，使它对地面产生一个推力，然后反弹，于是重新获得了动能。

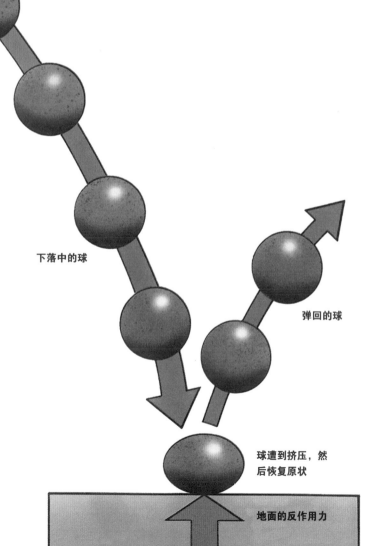

下落中的球

弹回的球

球遭到挤压，然后恢复原状

地面的反作用力

△在充气床上蹦跳的儿童能反弹起来，是因为充气后的物体有弹性。

吸收运动

不是所有的撞击都会引发物体的运动。柔软的表面能吸收运动，于是任何撞击该表面的物体都会停止运动。在这种撞击中，柔软表面吸收了运动物体的动能，转化成了声能（撞击的噪声）和热能。

弹簧很擅长吸收能量。如果在低速运动的状况下发生碰撞，火车上的弹簧缓冲器能让火车停下来，而不造成任何损害。减震器的工作原理与此相似。在你跳跃、着地时，人体内脊柱骨间软骨上的椎间盘就起着减震器的作用。

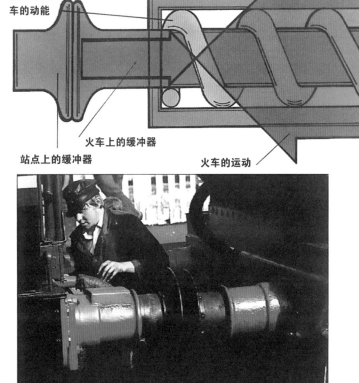

弹簧吸收火车的动能

火车上的缓冲器

站点上的缓冲器

火车的运动

▷ 火车的车厢之间有缓冲器，火车停车时，缓冲器的作用很重要。

碰撞的硬币

找一些大小不同的硬币。用胶带将两把尺子粘在桌面上，使它形成一个狭窄的通道，要使硬币能沿着通道轻松滑行。

在通道始端的不远处，在其中一把尺子上做一个标记。将一枚硬币放在该标记处，轻弹另一枚硬币使其撞击前一枚硬币。记录硬币分别移动了多远。试试其他不同的硬币，尽量每次以相同的力度轻弹每一枚硬币。观察一下，看看较轻和较重的硬币哪个会移动得更远？也看看轻弹较重的硬币是不是会使其他的硬币移动得更远呢？

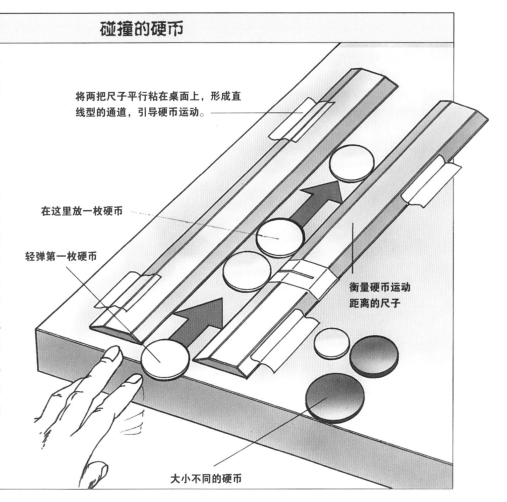

将两把尺子平行粘在桌面上，形成直线型的通道，引导硬币运动。

在这里放一枚硬币

轻弹第一枚硬币

衡量硬币运动距离的尺子

大小不同的硬币

在非理想状态下，除非有外力作用使物体维持运动，否则任何运动都会停下来。原因是，物体在移动的过程中，会与其他表面发生摩擦，甚至是空气和水这样的表面。这种接触会产生摩擦，使运动减速或停止。人体中，软骨层起到减少骨间摩擦的作用。

阻止运动的力

物体在空气或者水中移动时，它会将空气和水往边上推。空气和水动起来，它们获得物体中的一部分动能，而物体本身的运动则会变慢。特别是如果用力往下压，物体在划过另一个表面时，它具有的动能也会被吸收而减速。在这种情况下，动能转变成了声能和热能。

摩擦力是一个总是作用于与物体运动方向相反的方向上的力。摩擦力的大小会有所变化，而当物体停止运动时，摩擦力变为零。

刹车

摩擦力可用于刹车。它可以提供极大的力，让一辆急速行驶中的汽车在几秒钟内停下来。自行车有刹车片，刹车片能挤压每个车轮的外缘。汽车有盘式刹车，这种刹车中，盘式刹车板挤压车轮中心的碟盘。

△一只鸟落在水面上时，伸开爪子和水摩擦，可以快速停下来。

控制着刹车的是手柄和踩踏板。

刹车片施加在车轮外缘或者盘式刹车片的压力产生了摩擦力。压力越大，产生的摩擦力就越大，使得自行车或汽车能够急停。

自行车刹车

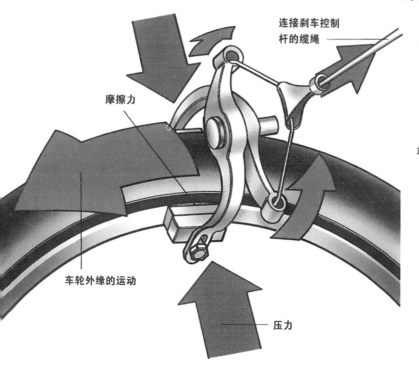

连接刹车控制杆的缆绳

摩擦力

车轮外缘的运动

压力

汽车盘式刹车

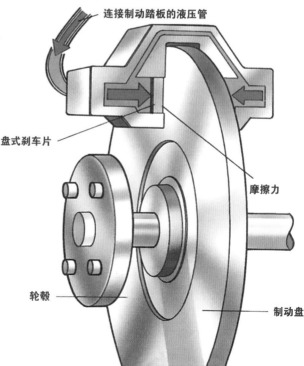

连接制动踏板的液压管

盘式刹车片

摩擦力

轮毂

制动盘

降落伞

降落伞运用了摩擦力，使人们可以安全地从空中降落。人们可以在遇到紧急情况时利用降落伞从飞机上逃生，也有很多人把跳伞当成一项运动。

伞包打开时，降落伞迎风鼓起，巨大的伞衣迎着风下降。降落伞和空气之间产生了很大的摩擦力（也称为浮力）。摩擦力向上作用，与将降落伞往下拉的重力方向相反。 摩擦力使物体下落的速度下降到较低的水平，使跳伞者可以安全着落。

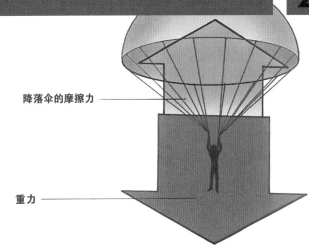

降落伞的摩擦力

重力

▷ 一些跳伞者喜欢降落伞打开之前在空中自由下落的那种感觉。

演示摩擦力

在烧杯中装上不等量的水

如图所示，在一张卡片边缘钻洞，绑一根橡皮筋。将卡片放在桌上，再将装有水的烧杯放在纸片上。拉动橡皮筋，橡皮筋伸展，之后卡片才会移动。橡皮筋的伸展量能体现卡片与桌面之间摩擦力的大小。在烧杯中加水，摩擦力就会增大。

橡皮筋

卡片

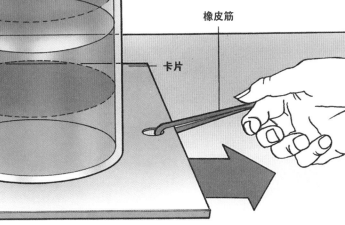

小问题

为什么你可以通过摩擦双手来让手变暖呢？你双手皮肤间的摩擦将手的运动转变成了热能。摩擦双手的时候，用力将双手压在一起。双手会变得更热，因为产生了更大的摩擦力，也转换出了更多的热量。

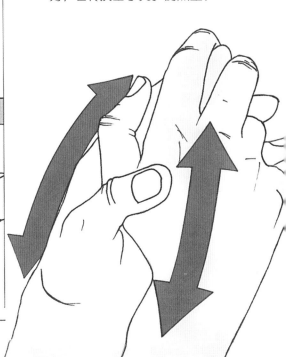

作为使运动开始和结束的力，摩擦力非常重要。不过，它也可能是有害的力。摩擦力把能量转化成热量和噪声，使机器浪费掉一些驱动它们的能量。它降低机器的性能，增加能耗。我们需要一些减少摩擦力的方法来提升机器性能。

光滑的面

你能在地面上行走，是因为你的鞋与地面之间的摩擦力，使鞋能很好地抓住地面，这样你才不会打滑。汽车轮胎的设计就是让轮胎可以强有力地抓住地面。

路面变湿后，摩擦力会变小。这是因为一层水膜覆盖在地面上，而且鞋与地面的接触面也变小了。轮胎上的胎面能通过将水膜挤出去来保持与地面之间的摩擦力。如果地面上覆盖的是冰，就会大大降低摩擦力，使地面很滑，很危险。

△溜冰者在冰上加速时几乎没有摩擦力。冰面和冰鞋都很光滑。

润滑

我们通过润滑来减少机器的摩擦。在机器中滴入润滑油，覆盖在机器的摩擦面，使它们变滑。任何一个面都有细微的突起，在相互接触时摩擦到别的面。如果没有加润滑油，就会造成很大的摩擦，使机器减速、过热。油膜将两个面分开，所以它们不会摩擦另一个面。

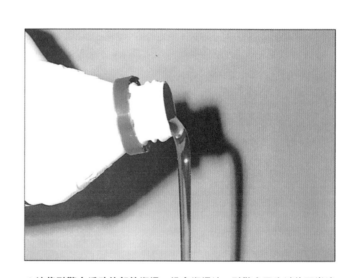

△油将引擎中活动的部件润滑。没有润滑油，引擎会因为过热而崩溃。

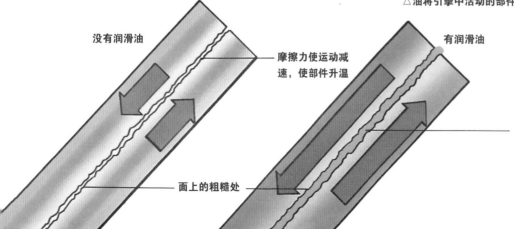

没有润滑油

摩擦力使运动减速，使部件升温

有润滑油

面上的粗糙处

油膜将面与面分开。摩擦力越小，运动越快，散热越少。

轴承

润滑不是唯一降低机器摩擦力的方法。滚动是另一种方式。在两个滚动的面之间放上小钢珠，使一个面滚过另一个面，就像车辆通过车轮滚过地面。钢珠或者圆柱在滚动时产生的摩擦力相对要小很多。

一套钢珠轴承里，两个圆环中间有一套钢珠。内环能轻松转动，外环不动。轴承可以用来支撑连在轴承内环上的旋转的轴。

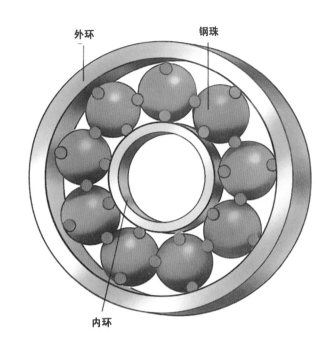

外环　　钢珠

内环

流线型化

在交通工具，特别是飞机上，第三种降低摩擦力的方法也很重要。流线型化使交通工具具有流线型的外形，这种外形使它可以在空气或者水中轻松移动。这种交通工具有尖尖的机头或者船首，平滑的机身，不需要很用力就能推动空气或水。

通过流线型化飞机或车辆来减少空气的摩擦力能给予它们更高的速度。即使没提升速度，流线型化也能节省能源。

▽很多鸟是流线型的，所以它们能快速游泳、抓捕猎物，或在空气或水中下潜。

测试摩擦力

取两块木板，将其中一块放在另一块上面。如下图，将手放在上面那块木板上，试着推动它。摩擦力很可能太强了。现在，试着放一些安全的液体——比如肥皂水——在两块木板之间，看看它们减少摩擦力、带来润滑的作用有多好。

没有润滑剂

摩擦力大

移动不了　　　　　　摩擦力小

有润滑剂

轻松移动

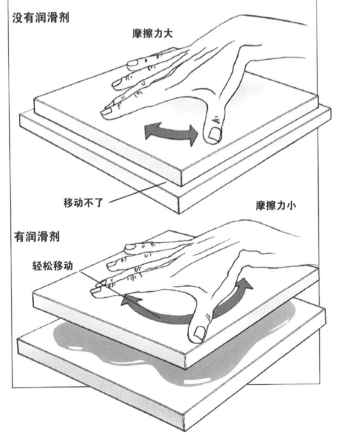

就像物休在运动时有动能一样，他们不动时也有能量。这种物休静止时所具有的能量叫作势能。这是一种"存储起来的能量"，可以转换成动能，使物休运动。运动停止时，动能可能又转变成了势能。

钟摆

一个运动中的钟摆，一直不间断地进行着动能和势能的转化。每次摆到最低端时，铅锤的速度最快，动能最大。之后，铅锤往上升，钟摆开始减速直到停下。这时钟摆的动能转变成了势能，势能的大小取决于铅锤所处的高度。可以假定铅锤摆动到最低点时势能为零，由于铅锤停下了，它就不再有动能而只有势能。当铅锤在重力作用下再次向下移动时，它的势能又转换为动能。

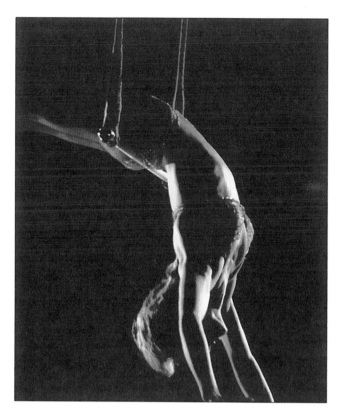

△ 杂技演员在秋千上来回摆荡、加速，然后冲到空中去抓另一个秋千。

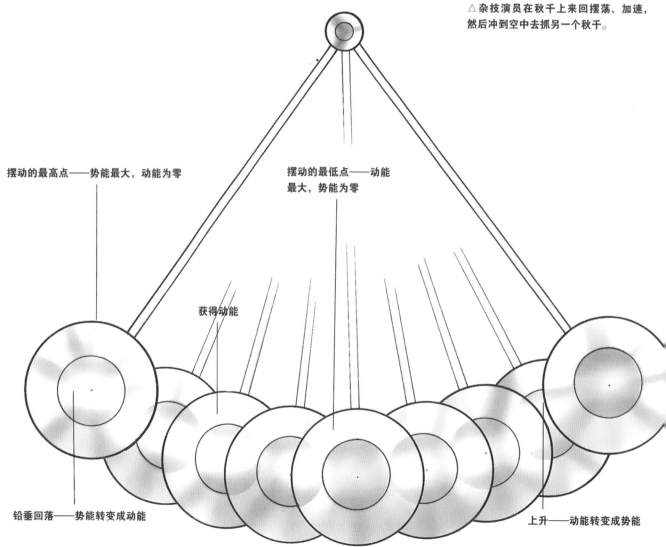

摆动的最高点——势能最大，动能为零

摆动的最低点——动能最大，势能为零

获得动能

铅垂回落——势能转变成动能

上升——动能转变成势能

绳与弹簧

另外一种形式的势能取决于橡皮绳或者弹簧的长度。在改变绳子或弹簧长度的时候，它们会吸收能量，将能量以势能的形式"储存"起来。

弓就是利用了这种势能。将弓弦往后拉时，势能储存到了弓弦中，而且弓弦在伸长的过程中变弯。释放弓弦射出弓箭时，弓弦中的势能转变成了动能。

伸展或者挤压弹簧也会将势能储存起来。释放弹簧，它会回到原来的长度，它的势能变成了动能。玩具或者钟表中发条装置的运作方式与此类似。将发条拧紧，会将弹簧压缩，之后弹簧缓慢恢复原状，以此拉动玩具的车轮或者手表的指针。

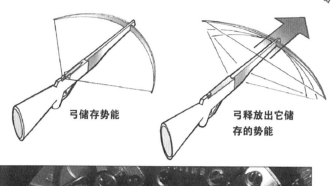

弓储存势能　　弓释放出它储存的势能

△钟表里的机械装置包括一套轮子，这些轮子由一个主发条驱动，来转动钟表的指针。

▽过山车冲上、冲下时给人很刺激的感觉。它完全是由重力驱动的。

游乐场里的骑乘项目

游乐场里很多刺激的骑乘项目都利用到了势能和动能。你坐进一辆最初停在陡坡顶端的车里，然后开始下坡，再冲上另一个陡坡，再上下许多坡——甚至是环形轨道。不得不说，这段旅程真的非常刺激。

你乘坐的车在轨道上运动时是没有引擎驱动的，而是通过这些上上下下的路段进行加速。这是因为，陡坡的顶端比整个旅程中的任何一段都高，车储存了很大的势能，之后随着重力将车往下拉而运动的过程中，这些势能转变成了动能。储存的势能足够车走完全程，甚至绕行其中的环形轨道。

日常生活中常常会发生圆周或者部分的圆周运动。比如，拐弯时，你需要走圆周的一部分。圆周运动不同于直线运动，物体可以在不受力的情况下保持直线运动，但是想要物体做圆周运动就一定需要外力的作用。

离心力

你在游乐场玩旋转市马的时候，似乎有一个很大的力在把你推离圆形运动轨迹的中心，这被称为离心力，但是实际上，离心力是不存在的！真正发生的是，胯下的市马在载着你做圆周运动。

将系在绳上的重物扔出去，此时我们可以看出圆周运动中的力。链球运动员让绳子拉着链球做圆周运动，但链球想做直线运动。链球运动员需要用力拉绳子——这个力叫向心力——才能阻止链球飞出去。链球运动员放手时，链球会继续做直线运动。

△在放手之前，链球运动员需要很用力地拉，并以尽量快的速度旋转。

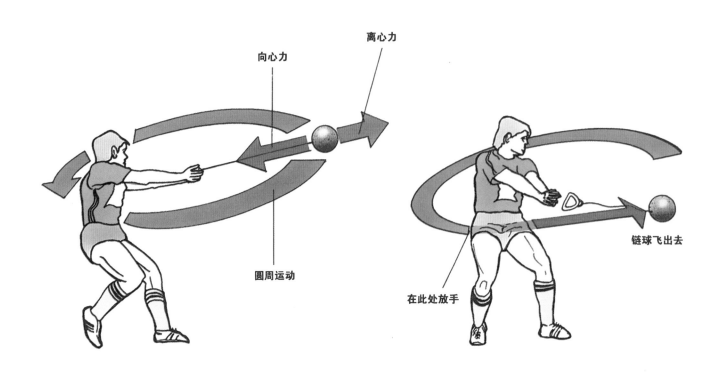

向心力

离心力

圆周运动

链球飞出去

在此处放手

毫不费力地加速

试着坐在转椅上旋转。如果把两条腿收回来，你会突然加速；再把双腿伸出去，你会变慢。

发生这种情况跟圆周运动中的能量有关，物体运动的速度越快，它具有的能量就越大。质量相同时，旋转中的宽物体比旋转中的窄物体能量更大。当你把腿往里收时，你就突然变窄了。但是，你的总能量没有变化。因此，你的运动就会变得更快。把你的双腿伸出去，你就突然变宽了。而能量保持不变，你就会变慢。

△ 陀螺能在平面的一个点上旋转，你用力越大，陀螺就能转得越快。

底朝天的水

放些水在水桶里，紧紧抓住桶把，提起来，快速地旋转水桶。速度合适的话，即使水桶底朝天，水也会留在水桶里。但是，速度不够的话，旋转水桶，水就会泼出去，所以一定要小心。水努力想要做直线运动。你通过让水桶做圆周运动，使水无法直线运动。水不能往水桶的上部流，所以就留在了桶里。

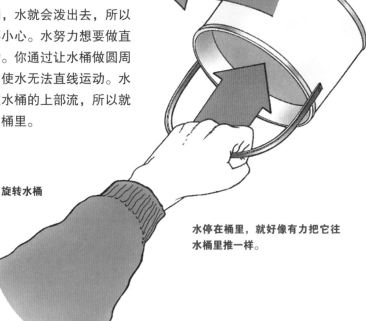

旋转水桶

水停在桶里，就好像有力把它往水桶里推一样。

小问题

骑着自行车和摩托车高速转弯时会倾斜，但为什么不会摔倒呢？这是因为，倾斜使得离心力把自行车或摩托车往圆周轨迹上拉，使骑者可以急转弯。如果不倾斜，骑者就会往外甩出去。

轮子转动带动了自行车、汽车和火车的运动。我们还会用其他种类的轮子来制造运动，这就是齿轮，齿轮能改变速度，用来帮助脚蹬带动自行车或者帮助引擎驱动汽车。陀螺仪也是旋转的车轮，而它们的运动非同一般。

△这辆古董自行车用脚蹬带动前轮转动，这是早期自行车的形式。

轮子与轮轴

轮子有轮轴，一个位于中心的轴，能使轮子转动。轮子的外缘比轮轴运动的速度快。这就使你可以骑着自行车在路上加速。脚蹬拉动车链，车链使后轮的轮轴转动。轮子的外缘比车链运动的速度快，所以自行车前进的速度比你蹬脚蹬的速度快。

车链跨过脚蹬处的齿轮和后轮上的齿轮。这两个轮子的大小不同，如果后轮的齿数是脚蹬齿数的一半，那么脚蹬转半圈，后轮就转一圈。许多自行车有一套大小不一的齿轮，使自行车可以有不同的速度。这些被称为传动装置。

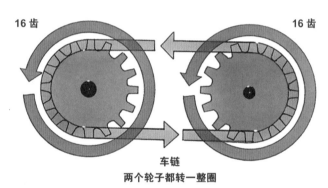

16 齿　　　16 齿

车链
两个轮子都转一整圈

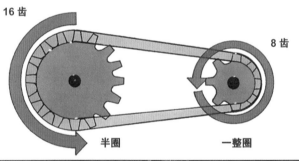

16 齿　　　8 齿

半圈　　　一整圈

平衡自行车

如果你在路上滚一枚硬币，在硬币侧倒之前，它会保持直立前进一段路。你能骑自行车是因为转动的轮子就像硬币一样，不会轻易地侧倒。

骑自行车时，如果开始往一侧倾斜，只要稍微一动把手，就可以把倾斜到一边的轮子拉回到正确的方向上，而你就能保持自己在自行车上的平衡。这种平衡运动叫作进动。

▷有些骑者平衡力好到可以骑独轮自行车。

陀螺仪

陀螺仪拥有惊人的平衡技能。玩具陀螺仪可以在其支点上站立而不摔倒。陀螺仪中的轮子要非常快速地旋转，才能使它保持站立。然后，陀螺仪开始倾斜，做圆周运动。过一会儿，轮子变慢，倒下来。如果你让它继续旋转，陀螺仪就会继续保持平衡。陀螺仪中也会发生进动。陀螺仪开始倾斜的时候，重力将它垂直向下拉。另一个作用于它的力使它在垂直方向上运动，使得整个陀螺仪围绕支点做圆周运动。陀螺仪可以用在十分精确的指南针中。

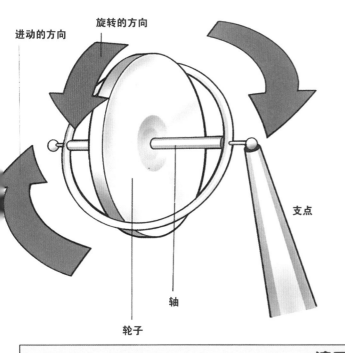

进动的方向　旋转的方向

支点

轴

轮子

▽像图中这样的陀螺仪是很有趣的玩具，同时也可以应用在一些精密设备中，比如指南针。

演示进动

从自行车上卸下前轮。握住轮轴处，使其竖立，然后稍微倾斜车轮。现在，请开始转动车轮，就像你骑在自行车上一样。稍微旋转轮轴。车轮会以一种奇怪的方式运动，然后自己变正。这种运动就叫进动。它朝向倾斜的方向、以合适的角度运动。在你蹬车的时候，这种运动让自行车保持竖立。

进动使车轮变正

旋转轮轴

轮子的旋转

直到约 400 年前，科学家开始理解了使肌肉和机器运动的力。后来的科学家才能发明出交通工具用的引擎。过去百年间，汽车、火车和飞机已经很普遍了。

牛顿

伽利略

运动中的世界

著名的意大利科学家伽利略（1564—1642）研究了物体的下落。据说，他从比萨斜塔上扔下两块石头，来证明它们会同时落地。伽利略还相信，地球和其他星球是围绕太阳运转的。

德国科学家约翰尼斯·开普勒（1571—1630）研究了星球的运动，得出了它们绕太阳做椭圆形运动的结论。他和伽利略都描述了作用于地球的力。

重力和运动定律

艾萨克·牛顿（1642—1727），英国科学家，他描述出了重力是如何使物体下落的。他能有这个发现是因为看到一个苹果从树上落下来，就好奇重力法则是否也可以延伸到太空中。他揭示了重力是如何使星球围绕太阳作椭圆形运动的。

牛顿提出了运动的三大定律。三大定律表明力不能维持运动，只能改变运动速度的大小和方向；表明了惯性如何影响运动；以及作用力与反作用力的存在。

戴姆勒

开普勒

汽油和柴油引擎

汽车和飞机需要强而轻的引擎。德国工程师戈特利布·戴姆勒（1834—1900）于 1885 年发明了汽油引擎，为人类现代生活做出了重要贡献。很快，另一个重大进步也出现了——1892 年，鲁道夫·狄赛尔（1858—1913）发明了使用更为简便的柴油引擎。

柴油引擎

与汽油引擎类似，这种引擎中，燃料的燃烧不需要火花点燃。

动能

运动的能量。任何运动的物体都有动能，只要它在动，当它运动时，就有动能。动能的大小取决于物体的质量和运动物体的速度。

浮力

将物体提升的力，比如使飞机和鸟飞入天空的力。

惯性

一种阻碍物体现有运动状态发生改变的现象。惯性会阻止物体的启动、停止、加速、减速以及任何方向上的改变，这些改变发生时都需要外力来克服惯性。

加速度

一个力持续拉或推物体时，物体速度的改变。加速度的单位是米/秒^2（m/s^2）。

进动

轮子旋转时发生的运动使得轮轴旋转。轮轴会朝向倾斜的方向，以合适的角度运动。

肌肉

主要由肌肉组织构成。人体的任何运动都需要肌肉。

力

力是物体对物体的作用，比如施加在物体上的推力或拉力。两个不直接接触的物体之间也可能产生力的作用，如重力。如果物体没有被固定，力会使它开始运动。力通过改变运动物体运动速度的大小和方向来改变它们的运动。力的单位是牛顿（N）。

摩擦力

两个平面相互摩擦或者物体在液体、气体中运动时产生的一种力。如果没有其他力来抵消摩擦力的话，摩擦力总是起着降低物体运动速度直至让物体运动停下来的作用。

能量

能量是对一切宏观、微观物质运动的描述。能量有多种形式，包括热能、光能、声能、电能、动能和势能。能量的单位是焦耳（J）。

汽油引擎

使用汽油作为燃料的引擎。由火花点燃气缸，产生热气驱动活塞。然后，活塞的运动驱动轴的运动。

势能

一种任何物体都具有的能量，它取决于物体的位置或者形状。比如，物体的位置升高，它的势能就增加。

弹性

能伸展或弯曲，随后能恢复原状。比如橡皮这样的物质有很大的弹性，而钢铁这样的材料也有弹性，常用于制造弹簧和线圈。

重力

存在于任意物体之间的力，起着将物体拉向彼此的作用。重力通常只有在其中一个或两个物体的质量都非常巨大（比如地球）时，才能被感知到。

作用力

使物体产生运动的力。